小爱因斯坦

XIAO AIYINSITAN

SHENQI XINGQIU DA BAIKE

神奇星球大百科

CHONGCHONG

DE SHIJIE

虫虫的世界

（英）North Parade 出版社◎编著　　丁科家◎译

云南出版集团　晨光出版社

目录

虫虫的世界

虫子是一种爬来爬去的，看上去很吓人的生物。你可以在花园里、石头下，甚至是你自己的家中找到它们。通常人们把它们叫作昆虫——一种小型六脚动物。地球上有超过一百万种昆虫，比所有动植物的种类加起来还要多得多！

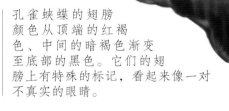

孔雀蛱蝶的翅膀颜色从顶端的红褐色、中间的暗褐色渐变至底部的黑色。它们的翅膀上有特殊的标记，看起来像一对不真实的眼睛。

蜻蜓有四只大大的翅膀，看上去好像细密的薄纱。当它在空中飞翔时，会把自己的腿部收拢起来形成一个篮子，用来装它抓到的其他昆虫。它可以一边飞一边享用美食。

居住的区域

在任何地方四下望去，你都一定会找到它们的踪迹。昆虫可以在地球上的任何地方居住——从炎热的热带雨林、积雪覆盖的山峰，到烈日炙烤下的沙漠。你可以看见它们在地层深处的洞中爬行，或在高远的天空中飞翔。有些昆虫会在动物的身体上，甚至体内存活。

美味的食物

大多数昆虫以植物为食。然而通常它们并不挑食，几乎任何东西它们都吃。众所周知，它们会吃掉布料、石膏、软木制品、粉底和其他生物，甚至连牙膏都吃。

成功的秘诀

昆虫在地球上出现的时间远远早于人类。它们之所以能在任何环境条件下存活至今，秘诀在于它们身形小、外壳坚硬和极强的适应能力。昆虫们对自己的居住环境和食物一点都不挑剔。它们的生命非常短暂。出生后，它们迅速成长为成虫，并繁衍出大量后代——它们的生存能力比父母更强。

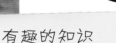

黑纹埋葬虫（又名黑橙纹埋葬虫）外出寻找死老鼠和其他小动物的尸体，并埋起来当作食物备用。

虫子与人类的"爱恨情仇"

人类和昆虫之间的斗争从未停歇。它们骚扰人类，叮咬人类，让人类患上传染病，吃掉人类的食物，毁坏人类的财产。可并不是所有虫子都是害虫。它们当中有许多对人类都是极富价值的。有些可以帮助授粉，有些可以作为鱼食、鸟食以及其他动物的盘中餐。事实上，如果所有昆虫都消失了，那么地球上的其他生命可能也将难以生存。

> **小资料**
>
> 最小的昆虫：矮甲虫，身长约0.25毫米。
>
> 最大的昆虫：大柏天蚕蛾，翼展长约25厘米（9.8英寸）。
>
> 最重的昆虫：花金龟科大甲虫，重达96.4克（3.4盎司）。
>
> 最长的昆虫：竹节虫，雌性竹节虫身长可达36厘米（14.2英寸）。

> **有趣的知识**
>
> 绝大多数昆虫身长都不超过6毫米（0.24英寸）。最小的几种昆虫包括长有毛茸茸翅膀的矮甲虫，它们可以轻而易举地穿过针眼，小到人的肉眼几乎无法看见。

蚁蜂尽管名字中有"蚁"字，可实际上它们却是黄蜂的一种。雌性蚁蜂没有翅膀。

内部的结构

所有昆虫尽管形状、大小和颜色千奇百怪，但是都有相似的身体结构。它们的身体主要分成三部分：头部、胸部和腹部。所有昆虫都有六条腿，每两条组成一对。它们还有一对天线一般的触角和如贝壳一般坚硬的外壳。有些昆虫甚至还有翅膀。

铠甲套装

昆虫们都有一层如贝壳般的外壳，包裹着它们柔软的身体。这种外壳被称为"外骨骼"。它通常轻盈而坚固，是昆虫们保护自己的"铠甲套装"。昆虫的肉体与外骨骼的内壁紧密相连。

像其他昆虫一样，蟑螂的外骨骼不会随着自己身体的成长而增大。因此，外骨骼会逐渐变得紧缩，这时它们就要蜕壳了。在脱掉旧的"铠甲"之前，昆虫们已经在旧铠甲下准备好了"新装"。

有趣的知识

昆虫们在行走时，经常会挪动身体一侧中间部分的一条腿，同时挪动身体另一侧前部以及后部的两条腿，这样一来，它们的步伐就变得稳稳当当的了——就像三条腿的凳子那样。

马达加斯加发声蟑螂

腹 部

昆虫的腹部内包裹着的所有器官，与人类的截然不同。空气透过昆虫外骨骼中的若干气孔进入到虫子体内。这些气孔被称为气门。氧气通过呼吸道通至身体的每个部位。在人体内，血液在被称为血管的特殊通道里流动，而在虫子体内，血液会在体腔内部各个部位流动。

社会胃
胃部
消化道
后肠
肛门腺囊
大肠
神经系统

很多昆虫都拥有强有力的咀嚼器官，称为大颚。昆虫在咀嚼时，大颚是左右移动的，而不像人类咀嚼时颌部是上下运动的。昆虫的大颚还可以做出吮吸的动作。

小资料

飞得最快的昆虫：蜻蜓，每小时可达95千米。

飞行里程和时间最长的昆虫：蝴蝶和蝗虫可以不间断飞行超过160千米，小实蝇可以飞行超过五个小时。

飞行时间最短的昆虫：蜜蜂一次飞行只能持续15分钟。

振翅速度最快的昆虫：一种翅膀较大的蝴蝶每秒钟可振翅4至20次；家蝇约200次；一些小蠓虫可达1000次。

速度最快的昆虫：蟑螂，每小时可达5.4千米。

头部那些事儿

昆虫的头部由口部、眼部和触角组成。昆虫的口部有特殊的进食结构，可进行咀嚼或吸吮的动作。绝大多数昆虫的成虫都有一双大大的眼睛，中间有一对触角，负责昆虫的嗅觉、味觉，甚至听觉。

大脑

眼睛

颌腺囊

昆虫的眼睛是复眼。人类的每只眼睛只有一个晶状体，而昆虫的眼睛却有上千个独立的晶状体，每个晶状体的成像拼合起来，组成了昆虫所见的完整图像。

中间部位

胸部是昆虫身体的中间部位，它为昆虫的三组腿和翅膀（如有）提供支撑。昆虫们可以用腿奔跑、捕捉、挖掘或者游泳。

7

虫大十八变

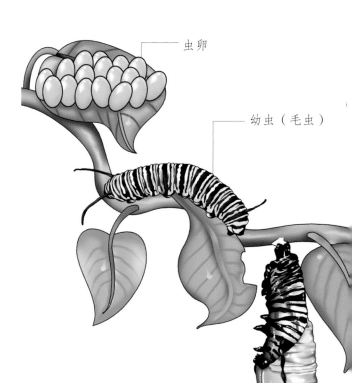

虫卵

幼虫（毛虫）

进入化蛹阶段的幼虫

几乎所有的昆虫都是卵生的。破卵而出后，昆虫们开始成长，变为成虫。在这个过程中，绝大多数昆虫都会经历"形态大变身"。这个过程——从虫卵到成虫，某些昆虫只需花费几天时间，而另一些则需长达17年。

成　长

虫卵孵化后，昆虫会根据种类的不同经历一到三种不同的成长形态。少部分虫子像蠹鱼和跳虫等只经历最简单的生长过程。当它们从虫卵孵化后，幼虫形态与成虫完全一样，只是更小一些罢了。这种幼虫的形态被称为"若虫"。

这是三叶虫的幼虫。雌性三叶虫在进入成虫阶段后，会保留幼虫的形态。

善变的昆虫

其他昆虫的成长形态则有很大差异。幼体的形态与它们的"父母"不同，被称为幼虫。随着它们成长为成虫，形态会逐渐发生变化。这种变化过程被称为"变态"。

蝉会把虫卵产在树枝上。蝉卵孵化后，蛹会落在地上，钻进土里，居住在树根附近。在接下来的七年里，它们会以树的汁液为食。当身体长大后，它们会蜕掉自己的外壳，取而代之的是在下方形成的新"铠甲"。

"变态"的类型

变态有两种类型：完全变态和不完全变态。在不完全变态过程中，若虫没有翅膀，颜色与成虫不同，其余特征与成虫基本相似。在完全变态过程中，幼虫形态与成年的昆虫完全不同，幼虫与成虫的生存环境与食物也是大相径庭的。

成年蝴蝶

钻出蛹壳的
成年蝴蝶

即将绽
开的蛹

当幼虫成长完毕后，它将会停止进食，并开始结茧。茧是一种围绕在虫体周围的遮蔽层，能保护幼虫。这个阶段叫作蛹，幼虫在蛹内继续成长。接着，蛹的外壳会出现裂纹，标志着幼虫完成了进化为成虫的过程。在该过程完毕后，成虫会破蛹而出。

有趣的知识

一对家蝇可以产下数百万个后代，但由于杀虫剂及捕食者袭击，以及缺少食物等各种原因，使得大部分后代无法存活下来。

形状各异的虫卵

昆虫的卵，形态和颜色多种多样，但绝大多数的形状都呈圆形或椭圆形，颜色呈浅白色或乳黄色。有的昆虫一次只产一枚卵，有的则会成批地大量产卵。通常它们会把卵产在食物上或旁边，幼虫孵化出来后就可以自己进食。

蟑螂卵鞘的大小和形状
像一枚烘焙过的豆子，
可容纳10至20枚卵。

虫子的定义

并不是所有爬行的小动物都叫昆虫。蜘蛛和蜈蚣就不是昆虫。事实上，拥有六只脚的、身体由三部分组成的爬行生物才可以被称为"昆虫"。

结网捕食

蜘蛛与昆虫的不同点很多。蜘蛛有八条腿，昆虫只有六条。蜘蛛的身体仅由两部分组成，而昆虫有三部分。绝大多数昆虫有翅膀和触角，蜘蛛则没有。

黑寡妇蜘蛛被认为是北美洲最危险的蜘蛛。被它咬上一口，会马上中毒，可引发多种疾病，并伴有剧烈疼痛。它之所以得名"黑寡妇"，是因为雌蛛有时候会在交配后杀死雄蛛。

把昆虫分组

世界上有超过一百万种昆虫，对每种昆虫进行单独研究，是十分困难的。因此我们将昆虫进行分组，以便更好地了解它们。昆虫分组的主要依据是昆虫之间特征的相似度，如食性、栖息地，或外观特征等。这种分组被称为"类目"。

尽管蜈蚣和千足虫看起来很相似，但它们还是有许多不同点。大沙漠蜈蚣的身长可达到20厘米，而千足虫一般不超过10厘米。大多数蜈蚣都是有毒的，而千足虫在受到威胁时，会缩成一团。

一些异议

　　昆虫学家们对目前昆虫类目的数量一直存有异议。一些专家认为某些昆虫目可被归为同一目，然而另一些专家则认为，它们可再进一步细分为两种或更多目。因此，一些专家宣称昆虫目的数量有30多个，而另外一些专家则称，其数量不超过25个。

蝎子的尾部末端有毒刺。有些种类的蝎子可致人死亡。

目的命名规则

　　昆虫目的划分是基于昆虫在几百万年间的进化情况。由于昆虫分组的主要依据是它们之间特征的相似度，因此昆虫目的命名就体现了它们的特征——观察其英文名词尾的后缀就可看得出：–ura表示尾巴，–ptera表示有翅膀，–aptera表示无翅。

昆虫的感官

昆虫靠触觉、听觉、嗅觉、视觉和味觉来归巢、定位食物和自卫。昆虫的多种特殊感官中，最重要的是触角。移除昆虫的触角，会导致昆虫个体的感官丧失，无异于致它们于死地。

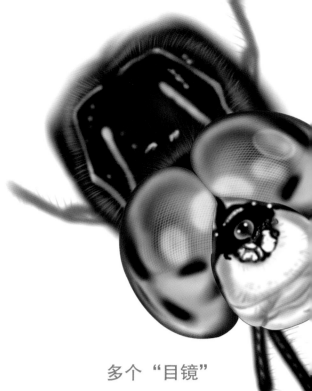

多个"目镜"

绝大多数昆虫的头部都有一对大大的复眼。人类每只眼睛只有一个晶状体，用于聚焦物体，而昆虫的眼睛却有多个晶状体。它们的每只眼睛都由微小的六面晶状体拼装而成，看起来好像一个小型的蜂巢。

蚂蚁、蜜蜂和黄蜂，以及其他昆虫的触角上有味觉器官。它们用触角去触碰食物，如果是它们喜欢的，它们就会美餐一顿。其他昆虫，如蝴蝶、某些蛾、苍蝇，以及蜜蜂等，则是用自己的脚品尝食物。

嗅觉的功效

昆虫的触角还可以帮助它们嗅闻东西。它们用嗅觉寻找食物和方向，并确定产卵地点。蚂蚁和蜜蜂通过辨别对方的气味来确定它们是否是自己领地的成员。

蜻蜓等昆虫只能看到近距离范围内的物体，一米开外的物体就看不清楚了。不过它们可以看到物体运动的轨迹，以及分辨颜色。昆虫没有眼睑，因此它们的眼睛总是睁开的。

灵敏的昆虫

昆虫们具有灵敏的感官知觉。它们通过身体的毛发、脊柱神经以及触角来感知四周的空气。它们甚至还可以察觉气流发生的变化，这就是为什么人们用手拍打苍蝇时，不管多小心翼翼，它们都会立刻飞走的原因。

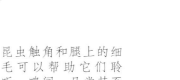

昆虫触角和腿上的细毛可以帮助它们聆听、嗅闻、品尝甚至感知物体。

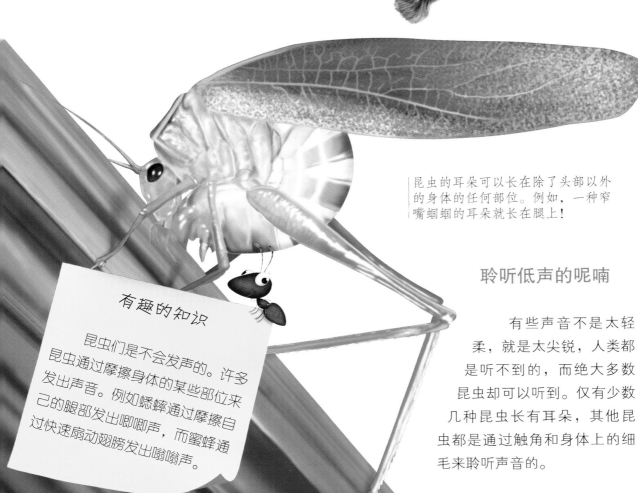

昆虫的耳朵可以长在除了头部以外的身体的任何部位。例如，一种窄嘴蝈蝈的耳朵就长在腿上！

聆听低声的呢喃

有些声音不是太轻柔，就是太尖锐，人类都是听不到的，而绝大多数昆虫却可以听到。仅有少数几种昆虫长有耳朵，其他昆虫都是通过触角和身体上的细毛来聆听声音的。

有趣的知识

昆虫们是不会发声的。许多昆虫通过摩擦身体的某些部位来发出声音。例如蟋蟀通过摩擦自己的腿部发出唧唧声，而蜜蜂通过快速扇动翅膀发出嗡嗡声。

攻击和防御

昆虫的一生充满了各种危险。它们可能会被其他昆虫、鸟类或动物吃掉。它们可能被冻死，或因为干旱找不到食物吃而饿死。另外，人类对它们也是一种威胁。因此为了存活下去，昆虫们都拥有特殊的防御武器。

战斗武器

绝大多数昆虫都装备有利器来击退敌人：蜜蜂、黄蜂和一些蚂蚁有毒刺；某些蚂蚁、虻和其他类似的昆虫可以用自己强有力的"钳子"来夹击敌人；毛虫身上的体毛内部充满毒液，一旦它们被触碰，毒液就会立刻释放出来；椿象、草蛉和埋葬虫会释放出难闻的气味；一些蝴蝶、蛾以及其他类似昆虫几乎没有天敌，因为它们实在是太难吃了！

迅速溜走

昆虫们进行防御的办法有很多，最常见的就是以飞翔或蹦跳的方式迅速逃离。一些毛虫和甲虫会装死，或摆出令人恐惧的姿态来吓退敌人。它们还会采用特别的姿态来对其他构成威胁的昆虫发起攻击，并最终杀死对方。

螳螂举起自己前腿的样子，像是在祷告。它的前腿像人类的胳膊一样，可以捕捉并牢牢抓紧猎物。因为螳螂的伪装技能十分优秀，无论它的天敌还是猎物，经常注意不到它们。

雄锹甲虫有着异常巨大的颌部，跟雄鹿的鹿角十分相像，与它的身体差不多长。雄锹甲虫还会用它们的"角"来相互决斗，争夺与雌虫的交配权。

有趣的知识

很多种蜘蛛都以其他蜘蛛为食，而且绝大多数雌性蜘蛛都比雄性更大更强壮，它们偶尔也会吃掉雄性蜘蛛。

小资料

昆虫的行为：与其他动物不同，昆虫无法被父母们呵护和养育。很多情况下，当它们从虫卵中孵化出来之前，它们的父母就已经死亡了。为了活下去，它们必须一出生就具备一切必要的生存技能。

模仿大师

一些昆虫是出色的模仿大师，模仿其他昆虫的本领十分强大。弱小的昆虫常把自己伪装成更加强大的昆虫品种。举个例子，副王蛱蝶和黑脉金斑蝶非常相像，因此鸟儿们从不捉它，因为对它们来说，黑脉金斑蝶很难吃。

颜色的伪装

一些昆虫化险为夷的法宝是，它们的颜色和形态可以与周围环境融为一体，这被称为"伪装"。许多蛾子在树干上栖息时，看起来像树皮或鸟粪。竹节虫和一些毛虫看起来像细细的树枝。

蝴蝶是伪装大师。枯叶蝶收起翅膀时，看上去如同一片枯叶。

15

蜜蜂和黄蜂

一些昆虫的生活方式是群居型的，它们被称为社会性昆虫。白蚁、蚂蚁、蜜蜂和黄蜂都是如此。这些种群组织严密，等级森严。

都是一家人

社会性昆虫居住的"社区"里，成员们相互扶持，它们通常都是一个大家庭的组成部分。比如，在同一蜂巢居住的60000至80000只蜜蜂都是由同一个蜂后生的。白蚁也是一样的，蚁后可生育数百万只白蚁，组成一个庞大的白蚁聚居地。

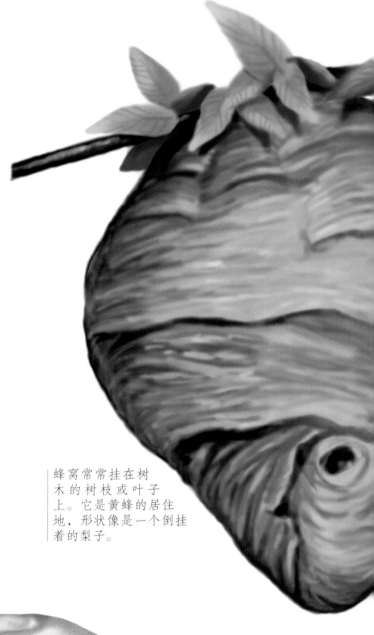

蜂窝常常挂在树木的树枝或叶子上。它是黄蜂的居住地，形状像是一个倒挂着的梨子。

绝大多数社会性黄蜂会用纸张来筑巢。雌性黄蜂通过咀嚼植物纤维和陈旧的木头来制作纸张，然后它们叠起一层又一层薄薄的纸，在上面筑起蜂房，以便产卵。

分工协作

整个大家庭内的成员分工明确。蜂后和蚁后的职责就是产卵。被称为"工蜂"或"工蚁"的成虫们负责喂养和照顾幼虫。白蚁的工蚁有雄有雌。而蚂蚁、蜜蜂和黄蜂，工蚁或工蜂都是雌的。

雄性的地位

在社会性昆虫的大家庭里，雄性存活的时间非常有限。它们的职责只是与蚁后或蜂后交配，之后就会死亡。在蜜蜂大家庭里，它们被称为雄蜂，而在白蚁大家庭里，它们是"蚁王"。

蜜蜂唯一的食物是花蜜。而黄蜂可以吃其他昆虫或以人类的食物为食。

有趣的知识

社会性昆虫使用声音、触碰以及气味的方式进行沟通。蜜蜂用舞姿来将食物的方向和位置通知给蜂巢的其他成员。

各司其职

"社区"内的每位成员都有自己不可替代的任务。"护士"照看"孩子"，"士兵"击退攻击它们的敌人。一部分"工人"寻找食物，另一部分"工人"则扩建并清理巢穴。

寄生蜂会侵入到大黄蜂的巢穴内，在那里产下自己的卵。大黄蜂会把寄生蜂的后代当作自己的孩子来抚养。

蚂蚁和白蚁

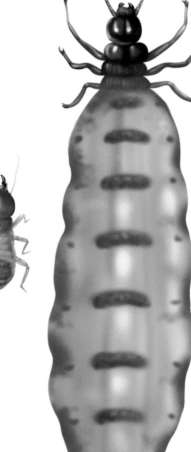

蚂蚁是最成功的社会性昆虫之一。尽管它们看上去很小，身体结构很简单，可事实上它们的行为模式却十分复杂。蚂蚁"社区"内部的劳动分工，以及觅食方式，都有一套十分严格的操作规范。

结构特殊的"土堆"

白蚁们会构筑巨大的蚁窝作为大家庭的居所，内部结构十分精细。这些蚁窝形状各异，外表如同混凝土一般坚固。内部可能会建有烟囱、托儿所、垃圾处理室，以及蚁后的闺房。

白蚁窝里面有许多间小房子。蚁窝中部是一间封闭的房间，那是蚁后的住所。

兵蚁没有翅膀和视力。它们的体型比工蚁大很多，拥有巨大的头部、强有力的颚和腿。

做好战备

行军蚁经常长途跋涉，以其他昆虫为食。行军蚁的队列看起来令人毛骨悚然，甚至能吓跑体型比它们大的动物。由于数量甚众，行军蚁还会对老鼠和蜥蜴发起攻击。如果猎物无法尽快逃脱，行军蚁会全体出动，爬满猎物全身。

切叶蚁片刻不停地收集树叶，并切成小块，以便运输。

奴隶监工

某些种类的蚂蚁会"榨取"蚜虫、毛虫或其他昆虫的体液作为食物。许多蚂蚁会侵入其他蚁巢，"劫持"幼年的蚂蚁，并把它们养大，做自己的"奴隶"。

编织蚁在树上用拼接树叶的方式筑穴。工蚁组成的队伍首先搬来树叶，然后它们会分泌出产生丝线的唾液，将树叶"缝制"在一起。

有趣的知识

蚂蚁会分泌出一种叫"费洛蒙"的化学物质，用来与同伴进行交流。它们会在新发现的食物所在的位置到自己巢穴的路上留下气味，以方便其他工蚁循踪迹找到食物。

自给自足或当个小偷

蚂蚁收集食物的方式多种多样。收获蚁收集植物种子，并把它们贮存在巢穴里。窃叶蚁以从其他蚂蚁处偷窃食物为生。有些种类的蚂蚁，如切叶蚁，会自己种食物吃。它们会在自己的巢穴里种植小蘑菇。

有翼精灵

蝴蝶是所有昆虫中最优雅、最美丽的。它们拥有精美绝伦、多姿多彩的翅膀。蝶和蛾都属于有翅昆虫的鳞翅目，因此它们是仅有的两种在翅膀上有翅鳞的昆虫。

蝴蝶栖息时，它们的翅膀直立于身体上；而蛾栖息时，它们的翅膀呈平放状态。

蝶和蛾

虽然蝶和蛾都属于同一目，但是蛾并不如蝴蝶一般美丽。蛾的身体胖胖的，布满绒毛，而蝴蝶的身形更苗条。蛾的触角并没有蝴蝶触角尖端的球状物。另外，蝴蝶在白天活动，蛾则喜欢在夜晚活动。

起飞之前

当蝶和蛾的体温低于30摄氏度时，它们便不能飞行。如果体温过低，它们就要让自己的身体温暖起来。它们会去晒太阳，或扇动翅膀，让体温升高。

蝴蝶用自己翅膀上美丽的花纹来吸引异性的接近。交配结束后，雌蝴蝶会在几个小时内开始产卵，而雄蝴蝶则会死亡。

饥饿的毛虫

蝶和蛾的一生会经历四个不同的生命周期，同时它们的身体形态也会发生改变。它们的生命从卵开始。幼虫（即毛虫）从卵中孵化出来，并以植物的叶子和花朵为食。随着时间推移，毛虫会多次蜕掉身体外面的皮，这就是毛虫的蜕皮过程。

釉蛱蝶又以"西番莲蝶"而闻名，它以西番莲有毒的叶子为食,因此没有任何动物能吃掉它。

休眠期

当毛虫长成之后，就会变成蛹。蛹不会移动，因此这个阶段被称为"休眠期"。在蛹壳内，成年的蝴蝶逐渐生成。这个过程短则几天，长则超过一年。

眼蝶的飞行高度很低，飞行轨迹呈"之"字形。一旦感知到危险，它们会收起翅膀，一动不动。如果危险依然存在，它们会即刻飞走。

有趣的知识

吸引蝴蝶飞向花园的因素，除了花朵的颜色和形状之外，还有它们的芳香。具有浓烈香味的花朵，是最能吸引嗅觉灵敏的蝴蝶的。

蜘蛛驾到

蜘蛛是地球上最常见的爬行生物之一。然而与常人的理解截然相反，蜘蛛并不是昆虫。它们和蝎子都属于另外一种完全不同的生物类型——蛛形纲动物。

蜘蛛不会被自己编织的网缠住。蜘蛛用它每只脚上的特制钩爪抓住丝线，在蛛网上行走。

栖居地

跟昆虫一样，蜘蛛可以在任何地方存活——田地、森林、沼泽、山洞及沙漠，无处不在。对人类来说，它们是益虫，因为它们常以害虫为食，如毁坏庄稼的蝗虫，以及传播疾病的苍蝇和蚊子等。

绝大多数蜘蛛会用一种囊袋把自己的卵包住。卵囊是由一种特殊的丝编成的。有些蜘蛛会把卵囊悬吊在蛛网下方。另外一些蜘蛛会把卵囊系在叶子或植物身上。还有一些蜘蛛会将卵囊随身携带。小蜘蛛将在卵囊里进行孵化。

分辨蜘蛛与昆虫的不同

昆虫和蜘蛛的不同之处可以从它们的身体结构看出来。蜘蛛有四对腿，并且身体只有两部分组成——头部和胸部连成一体，以及腹部。

小资料

世界上的蜘蛛有超过30000种。

最大的蜘蛛是南美狼蛛，体长25厘米。

最小的蜘蛛是萨摩亚球形蛛，体长0.43毫米，与针头大小相当。蜘蛛一次平均产卵数量为100个，最多可达2000个。

正在捕食的蜘蛛有着良好的视力，可以看清短距离范围内的猎物。然而织网过程中的蜘蛛，视力很差。它们的眼睛可在有光的环境下探知周遭的变化。

盘丝洞的秘密

蜘蛛身体上一种特殊的腺体，能产生出编织蛛网的丝线。这种腺体很短，与其腹部相连，形状像人的手指，被称为"吐丝器"。蜘蛛可能会有两个、四个或六个吐丝器。其末端布满了细小的管子，呈液体状的丝从腺体内部经这些小管喷射出来。随后，丝逐渐硬化，变为较结实的线。

死亡之网

蜘蛛喜欢以昆虫为食，所以结网来捕捉它们。比蜘蛛大，比蜘蛛强壮的昆虫都逃不脱蜘蛛布下的网。

有趣的知识

电影《蜘蛛侠》中，有超过150只蜘蛛出镜演出。工作人员精挑细选，使得蜘蛛们与角色十分契合。看来他们对蜘蛛的行为习性真的是了如指掌啊！

圆蛛编织的蛛网是最漂亮的。许多圆蛛每晚都会编织一张新的网，仅需花费约一小时。它们经常把闯入蛛网的猎物用"布单"包裹成"木乃伊"。

穿闪光铠甲的骑士

甲虫应该是世界上最强壮的昆虫了。与其他昆虫不同的是，成年甲虫有一对特别的前翅，称为鞘翅。它们构成了一层坚硬的外壳，为甲虫的身体提供保护。正因为它们有坚硬的翅膀和贝壳一般坚硬的外骨骼，所以甲虫被人们称作昆虫界的"装甲车"。

多姿多彩　多种多样

甲虫居住于除海洋之外的世界各个角落。它们的形状、颜色和大小差异巨大。有些甲虫，如叩头虫和萤火虫，身子长而细。其他一些甲虫，如瓢虫，身子浑圆。绝大多数甲虫的颜色是褐色、黑色或深红色，而有些甲虫是彩色的，明亮而闪烁。

菌甲以真菌的孢子为食。它们的栖息处，满地都是它们自己的排泄物和蜕下的皮。

成年象鼻虫的嘴位于其长长的口鼻部的顶端，是用来戳刺果实、种子和植物的其他部位的。象鼻虫的幼虫没有腿，以水果和坚果的内芯为食，被称为"钻蛀虫"。象鼻虫以毁坏农作物而臭名昭著。

腿：为工作而生

除了形状和颜色外，甲虫的腿也是多种多样。所有甲虫的六条腿末端都有爪子。能快速奔跑的甲虫都长有又长又细的腿，而其他甲虫的腿都是又短又粗，末端有平平的"垫子"，以确保它们在光滑的表面行走时，不会摔倒。擅长挖洞的甲虫腿上都有如牙齿一般的突起物，方便将泥土刮掉。绝大多数会游泳的甲虫都有扁平的后腿。

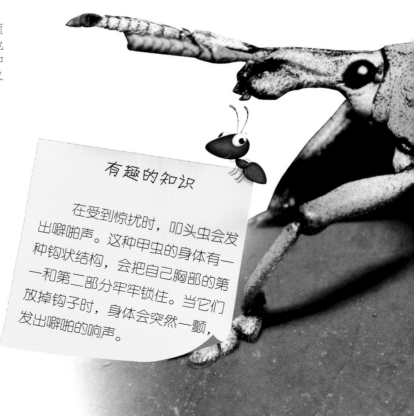

有趣的知识

在受到惊扰时，叩头虫会发出噼啪声。这种甲虫的身体有一种钩状结构，会把自己胸部的第一和第二部分牢牢锁住。当它们放掉钩子时，身体会突然一颤，发出噼啪的响声。

24

金龟子科甲虫，例如蜣螂和粪金龟等，都以粪便为食。它们将粪便滚成球体，并把它们埋入土中。雌虫会在粪球中产一枚卵。而另外一些金龟子科甲虫，如六月鳃角金龟和日本金龟，以庄稼为食。

益虫？害虫？

许多甲虫以庄稼、树木或人类贮存的食物为食，造成大量损害，这些就是害虫。然而，有些甲虫是对人类有益的。例如，瓢虫以及某些其他类似的甲虫以蚜虫为食，是庄稼的好帮手。蜣螂以及其他类似的甲虫以死去的动植物为食，是环境的清洁工。

拟步甲以植物为食，喜欢到处散步。然而当受到惊扰时，它会摆出一个头朝下，尾朝上的姿势。如果有敌人来犯，它则会释放出一种暗色的有腐烂气味的液体，这足以阻挡绝大多数敌人。

自卫措施

甲虫的天敌很多，包括鸟类、爬行动物和其他昆虫等。绝大多数甲虫通过叮咬、隐藏或飞走等方式进行自卫。一些甲虫会释放出难闻的气味，让天敌们望而却步。

芭蕾舞者

并不是所有的昆虫都是又小又圆，丑陋无比的。蝴蝶、蜻蜓和蜉蝣都非常美丽。它们有四只镶嵌花边的翅膀，身后拖着一条又细又长的尾巴。当它们飞舞起来时，翅膀在阳光下闪烁着明亮的光泽。它们飞起来的样子十分优雅，经常被人称作是昆虫界的"芭蕾舞者"！

若虫的故事

年幼的蜉蝣被称作稚虫（一种水生若虫）。蜉蝣将卵产在小溪和水塘里。稚虫用鳃进行呼吸，以水生植物为食，能在水中生活若干个月到两年。当它们离开水之时，会蜕皮，并羽化成为亚成虫。蜉蝣是唯一一种需要经历此状态的昆虫。几个小时之后，亚成虫就会长成成虫。

蜉蝣的寿命非常短，只能存活几小时或几天时间。

蜻蜓可以通过拍打翅膀在半空中悬停。它们可以在飞行时捕捉其他昆虫，并吃掉它们。

敏锐的眼睛

由于眼部结构十分特殊，蜻蜓的视力出奇地好。蜻蜓的复眼拥有多达30000个小眼面，每个都是一个独立的感光器官（又被称为"单眼"），可将周遭近360度范围的全景都收入眼底。

用作伪装的唇

蜻蜓的若虫在水中生活的时间约为一至五年。它们有着厚实的身体，大大的头部和嘴，但却没有翅膀。它们还有一片可折叠起来的下唇，叫作"脸盖"，长度几乎是其身体的一半。脸盖的末端有像钳子一样的钩子，可以自由移动，用来捕捉猎物。

小资料

现存最大的蜻蜓是大痣豆娘，翼展可达19厘米（7英寸）。最小的蜻蜓：八丁蜻蜓，身长15毫米，翼展约20毫米。
飞行速度最快的蜻蜓：飞行速度可达每小时60英里（97千米）。

鱼蛉的外表与蜻蜓非常像，但它们的飞行技巧却没有蜻蜓那么好。另外，与蜻蜓不同，鱼蛉在栖息时可以把翅膀折叠起来，搭在背上。

随风飞翔

蜻蜓的前翅和后翅在飞行时各自扇动，互不干扰。因此它们可以在半空中悬停，或者改变方向。这也使得蜻蜓能够高速飞行。在栖息时，蜻蜓会把翅膀展开。它们的后翅比前翅要宽一些。

有趣的知识

萤火虫的交流方式十分特别——用光。萤火虫的发光器官位于其身体腹部下方的最末端。发光器官内部会发生一种化学反应，让萤火虫能发出光芒。

半翅目昆虫

　　半翅目昆虫遍布世界各个角落。与其他大多数昆虫不同，半翅目昆虫同时拥有负责穿刺和吸吮的两种口器，位于其身体上一个长长的、如鸟喙一般的结构中。半翅目昆虫大多以植物汁液为食，而有些种类则可吸吮其他动物或昆虫的血液。

半翅目昆虫的幼虫与成虫类似，只不过没有翅膀。在它们的变态过程中没有化蛹的环节。

叶足虫与食虫蝽象的外形很相像，尤其年幼的叶足虫就更像了。

物竞天择的杀手

　　许多种昆虫，包括毛虫和蟑螂等，都经常成为食虫蝽象（又称作"杀手甲虫"）的盘中餐。这种昆虫常常潜伏于某处，等待其他昆虫的光临，一旦发现猎物，它就会用自己的"喙"将猎物刺穿，然后向猎物体内注射能溶解身体组织器的毒素，并最终将猎物吸掉。一些"杀手"还会通过用食管摩擦身体下部的方式，发出嘶嘶声。

半 翅

半翅目昆虫的翅膀只有一半，它们的前翅，一部分坚固如皮革，一部分柔软如薄膜。这种翅膀包住了昆虫的背部，经常处于半开半合的状态。

绝大多数蟑螂，就像图中的雨林蟑螂那样拥有翅膀。然而，雌蟑螂、蟑螂幼虫以及其他一些种类（如马达加斯加发声蟑螂等）都没有翅膀。有趣的是，并不是所有有翅膀的蟑螂都会飞。

在水上漂移

许多半翅目昆虫是水生的。这些水上健步者活动时，脚底几乎不会触碰到水面。它们一旦观察到其他昆虫在水面泛起的波纹，就会立刻采取行动，捕捉并杀死猎物。

害虫问题

许多种椿象和盾椿象都是农业害虫。它们吸吮植物汁液，影响庄稼的收成。这些害虫的数量十分庞大，而且都具有很强的抗药性。

一些昆虫可以通过身体两侧的腺体释放出臭气熏天的化学物质，这些昆虫被称为"椿象"。

有趣的知识

有些半翅目昆虫可作为人类的食物。中国菜里有许多由半翅类水生昆虫制成的菜肴。在泰国，田鳖是一种美味的食物，可以整个吞食，也可以做成蘸酱。

伪装专家

　　有些昆虫，如竹节虫和叶片虫等，是伪装大师——换句话说，它们可以与周围环境融为一体。在森林里，要找出它们是十分困难的。这种特殊技能使得它们能轻而易举地避开天敌，同时也让它们能悄悄接近它们的猎物。

风中摇曳

　　为了彻底将自己与环境融为一体，叶片虫轻轻地左右摇摆着自己的身体向前行走，看上去好似一片在风中摇曳的树叶。这种近乎完美的伪装，使得它们不必保持静止，可以一整天都自由自在地活动。

颜色在伪装活动中起着关键的作用。但是保持静止也是非常重要的。蝈蝈完美地掌握了这项技能，只有仔细观察才能在图中看出，它坐在了叶子上面。

藏匿树枝间

虫如其名，竹节虫长得就像树枝。如果你看到一根脱离树干的或是搭在树叶边缘的"树枝"，那么它就一定是竹节虫了。竹节虫通常身体呈土褐色，然而有一种竹节虫的身体是极其漂亮的天蓝色。

某些竹节虫的身体上布满了突起，好似植物的刺。

在叶子下

叶片虫把自己悬吊在叶片的下方。首先它们会呈现出枯死的树叶的颜色，很难被辨认出。根据叶子的颜色不同，它们可以从浅绿色变化到深褐色。

行走中的竹节虫看上去很小，步伐很慢。它们以植物为食。

自卫喷雾

为了击退敌人，一些伪装能手依然有其他独特的自卫方式。薄荷竹节虫会对其天敌施放一种刺激性喷雾，其气味与薄荷的气味类似。有些喷雾的气味可能会恶臭无比。

有趣的知识

有些种类的叶片虫拥有宽条花纹的翅膀，在它们栖息时，翅膀在背后叠好，呈叶片状。这些叶片虫同时还有大大的，如叶片般的扁球状物，位于腿关节位置，这也是它们名字的来源。

31

花园聚会

花园是观察昆虫的绝佳场所。花园里常见的昆虫有蚱蜢、蟋蟀和蝉，它们的颜色大多呈绿色或褐色。它们以植物或其他昆虫的尸体残骸为食。

蹦跳行走

蚱蜢会蹦跳、会行走，也会飞翔。它后背下方的大长腿就是用来蹦跳的，跳跃高度可达到其身长的20倍。它的前腿较短，可用来抓住猎物或者行走。

绝大多数蚱蜢身体颜色呈绿色、橄榄绿或褐色。不过彩虹蚱蜢的身体却是五颜六色的。

蝉是一种身形较大，颜色较深的飞行昆虫。当它栖息时，翅膀会像帐篷一样，覆盖住整个身体。雄蝉是世界上最吵的昆虫。

眼观六路

蚱蜢有五只眼睛。头部两侧各有一只巨大的由数千个晶状体组成的复眼，让蚱蜢能够"眼观六路"。另外它还有三只单眼。一只在触角底部上方，一只在下方，还有一只在两条触角中间。这几只眼睛的功能是什么，到现在还没人知道。

有趣的知识

某些种类的蝉很特殊，人们叫它们"周期蝉"，其成长发育的时间长达13至17年。根据种类不同，幼虫在地下蛰伏时间约为13至17年，之后才会爬出来进行交配。成年的蝉在交配之后会立刻死亡。

耶路撒冷蟋蟀栖息于沙漠中的湿润地带。它的头部与人头十分相像，因此一些地方的人把它称之为"地球的孩子"。

在很多国家，蚱蜢都是一种美食。它们富含优质蛋白质。许多国家还命令军人们在迷路或食物短缺的情况下进食蚱蜢。

爱情之歌

据说，雄蟋蟀是会唱歌的。每种蟋蟀的"曲目"都是不一样的。有的会颤音，有的则会发出各种各样的唧唧声。蟋蟀通过摩擦自己的两片前翅，来发出如音乐一般的鸣叫声。它们用这种声音吸引雌蟋蟀的注意。

关于蟋蟀

蟋蟀与蚱蜢是近亲，但是它们的不同点也是很多的。绝大多数蟋蟀的翅膀交错平贴在后背上，而有些蟋蟀的翅膀非常小，或者没有翅膀。大多数蟋蟀细长的触角比它们的身体还要长得多。

毒液和毒刺

　　昆虫的叮咬会非常疼痛，甚至具有毒性。昆虫的叮咬行为有两种目的。一是防御敌人，叮咬可以击退天敌，或者使它们瘫痪；二是获得食物，以其他昆虫为食的昆虫都会采用这种策略。

蜜蜂的刺

　　绝大多数蜜蜂都用刺来保卫自己的家园。工蜂的刺是直的，上面有钩。当蜜蜂把刺扎进皮肉时，钩子会将皮肉牢牢钩住，然后将刺从蜜蜂体内推出来。与刺相连接的腺体会分泌出一种毒素，并注射进对方体内。

蝎子交配时的动作像是在跳舞。

工蜂之死

　　蜂后的刺是平滑而弯曲的，用来杀死其他蜂后。蜂后不像工蜂，发动袭击后并不会失去它的刺。而工蜂失去刺后，会立刻死亡。雄蜂没有刺。

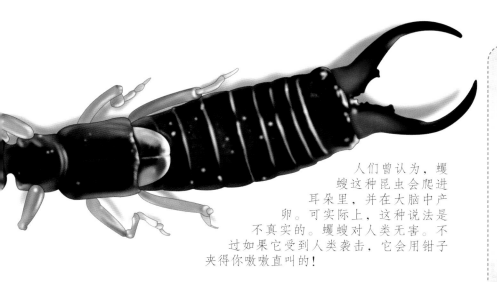

人们曾认为，蠼螋这种昆虫会爬进耳朵里，并在大脑中产卵。可实际上，这种说法是不真实的。蠼螋对人类无害。不过如果它受到人类袭击，它会用钳子夹得你嗷嗷直叫的！

蜘蛛的毒液

几乎所有的蜘蛛都能分泌毒液，它们会将毒液注射进猎物的身体，使它们瘫痪。然而仅极少数蜘蛛的毒液会对人类造成伤害。常见的会分泌对人体有害毒液的蜘蛛包括黑寡妇蜘蛛、棕隐士蜘蛛和黄囊蜘蛛等。尽管人们都认为黑寡妇蜘蛛的毒液有极强毒性，然而其毒液致人死亡的案例却鲜有发生。被黑寡妇蜘蛛叮咬后，人体会感觉疼痛不止，并可能会产生极为严重的不良反应。

杀手毒液

蝎子和蜈蚣是地球上最具毒性的生物。它们可以杀死人类和大型动物。它们常被人误认为是昆虫。

家居昆虫

你可能一点也不喜欢它们，不过昆虫们在你家里住得那叫一个舒服。人类的家里温度适宜，藏匿地点众多，食物丰富，是昆虫们理想的"栖息地"。

用餐时间到

雌蚊喝血，而雄蚊仅以植物的花蜜为食。家蝇无法进行叮咬或咀嚼，但它们会通过自身的唾液，使固态食物液化。而蟑螂就像个拾荒者，几乎什么都吃，如书脊、纸张、香皂、植物和动物尸体等。

某些种类的蚊子会携带细菌，可导致诸如脑炎、疟疾和黄热病等严重疾病。当你受到蚊子叮咬时，它们可能会把细菌留在你的身体上。

有趣的知识

苍蝇飞行时发出的嗡嗡声，实际上是它拍打翅膀的声音。家蝇每秒钟可拍打200次翅膀。蚊子则比苍蝇更吵闹，每秒钟会拍打约1000次翅膀。

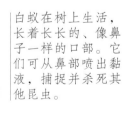

白蚁在树上生活，长着长长的、像鼻子一样的口部。它们可从鼻部喷出黏液，捕捉并杀死其他昆虫。

小资料

家蝇的身长约6至9毫米（0.24至0.35英寸），翼展约13至15毫米（0.51至0.6英寸），飞行速度可达每小时7公里（4.3英里）。
蚊子的平均身长约3至6毫米（0.12至0.24英寸），飞行速度可达每小时1.6至2.4公里（0.99至1.49英里）。
蟑螂的奔跑速度可达每小时5千米（3英里）。

家蝇经常携带多种致病菌，如伤寒、霍乱、痢疾和炭疽病等。

飞舞的色彩

苍蝇身体的颜色呈暗黑、褐色、灰色或淡黄色，并且布满细毛。少数几种苍蝇，如士兵虻和食蚜蝇等，身体上有亮橙色、白色或黄色花纹。另外一些苍蝇，如青蝇和绿蝇等，身体会呈现亮蓝色或亮绿色。

褐色的爬虫

蟑螂的身体呈扁平的椭圆形。它们的大长腿上布满了又短又硬的毛，这些是它们的触觉器官。蟑螂奔跑速度非常快，有些种类的蟑螂还会飞行。蟑螂的触角也很长，能探知各种气味。

蟑螂可以屏住呼吸长达40分钟。令人惊奇的是，如果蟑螂没了头部，还可以继续存活约一周时间。

远离家庭害虫

远离这些昆虫的最好办法是保持室内清洁。建议不要留存过期的报纸，尽快排放脏水。墙上的裂缝需及时修补，因为幼年蟑螂可以爬进宽度仅0.5毫米（0.02英寸）的缝隙中。也可使用杀虫剂来消灭它们。不过要知道，蚊子和蟑螂的生存能力都十分强大。

害 虫

　　对人类有害的虫子种类并不多。尽管对人类来说，真正危险的昆虫种类不到全部昆虫种类总数的1％，但是它们会构成极大的危害。它们会吃光庄稼，侵袭房子，连衣服和家具都不会放过。它们还会将疾病传染给家畜和人类。

蜱虫跟跳蚤一样，都是生活在其他动物和人体上的微小的吸血动物。然而与跳蚤不同的是，蜱虫并不是昆虫，实际上它跟蜘蛛是近亲。

庄稼的毁灭者

　　昆虫们可对所有种类的植物发动攻击。主要的害虫有：攻击小麦的小麦瘿蚊，以棉花为食的棉铃象鼻虫，破坏玉米及其他农作物的玉米螟蛉和谷长椿，以及以土豆为食的马铃薯甲虫等。还有诸如蝗虫一类的昆虫，经常成群结队地对农作物发动侵袭，并可在几分钟内将农田里的作物吃得一干二净。

生命的威胁

　　家蝇和绿头苍蝇携带各种致病菌，并将它们传播在人类的食物和饮水中。它们会带来诸如伤寒、霍乱和痢疾等疾病。昆虫的叮咬也可能造成致命疾病的发生，如登革热、脑炎、疟疾、非洲昏睡病以及黑死病等。有些昆虫，如跳蚤和虱子等，寄生在人体上，以吸食人血为生。

家庭入侵者

昆虫的到来使家里变得乱七八糟。衣蛾和皮蠹在衣服、头发和地毯上钻洞，蠹虫会毁坏书籍，白蚁会将任何木制品蛀蚀得千疮百孔，蚂蚁和蟑螂还会污染食物，传播病菌。

螨虫是蜱虫的缩小版，大多数居住在腐败的物体上。而有一些则寄生于动物和人类的身体上。这种红绒螨虫的幼虫寄生在蚱蜢和蝗虫身上，而成虫则寄生在白蚁身上。

尽快干掉它们！

消灭害虫最简单的方法就是看见一只，拍死一只！不过当它们的数量过于庞大时，这种方法就不好使了。另外一种方法就是使用一种特殊的喷雾——杀虫剂，这样可以迅速消灭害虫。

许多种类的甲虫对庄稼都会造成严重威胁。独角仙是热带地区常见的一种害虫。它们会在椰子树的树干和叶子上钻孔，以植物的柔软组织为食。

螳螂常被人们误认为是一种害虫。事实上，它以其他昆虫为食，尤其是吃农作物的昆虫。

益 虫

一些昆虫可以给予人类很大帮助。它们帮助授粉，制造蜂蜜，以害虫为食，它们自身也是鸟类和其他动物的盘中餐。

清洁工

有些虫子以动物的排泄物、动物和植物的尸体为食，是大地的清洁工。还有一些住在泥土中的昆虫，它们的排泄物和尸体可以使土壤肥沃。

蜣螂以粪便为生。它们会将粪便滚成球形，在粪便下方或附近挖洞贮藏。蜣螂的这种食性不但可以减少粪便的大量堆积，还可以改善土壤质量，并抑制害虫和苍蝇的滋生。

甜美的蜂蜜

蜜蜂从花朵中吸吮花蜜，并将花蜜贮存在自己的蜜胃中。回到蜂巢后，它们会将花蜜从蜜胃中吐出来存在蜂巢里。然后蜂巢中的工蜂会在花蜜中添加若干种酶。当花蜜中的水分蒸发掉后，花蜜就变成了蜂蜜！

蜜蜂通过舞蹈来彼此交流。它们用舞蹈告诉其他工蜂，花蜜的位置在哪里。

瓢虫会吃许多种破坏农作物的昆虫。

有趣的知识

有一些益虫是寄生虫，它们寄生在害虫的身体上，甚至身体内。例如，一些种类的黄蜂将卵产在毁坏西红柿植株的毛虫身上，黄蜂幼虫生长时，会吃掉这些毛虫。

小资料

蜜蜂需要采集约200万朵花，飞行88514公里（55000英里）才能制作出500克蜂蜜。蜜蜂的飞行速度为每小时24公里（15英里）；在一次采蜜之旅中，它们可以造访50至100朵花。

人们收集蚕茧用来抽取蚕丝。人们将蚕茧用水煮开，将紧紧缠绕在蚕茧上的丝线剥离开来。然后，蚕宝宝也会成为人们的盘中美味。

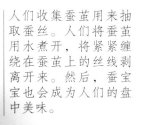

产品丰硕

昆虫们为我们提供了许多有价值的产品，包括蜜蜂产出的蜂蜜、蜂蜡，用紫胶虫的分泌物制成的虫漆，以及蚕吐出的蚕丝。

抽　丝

蚕不是一种蠕虫，而是蚕蛾的幼虫，它们仅以桑树叶为食。人们从蚕制作的蚕茧上抽取生丝。蚕茧由一条绵延不断的生丝缠绕而成，长度约为300至900米。

虫虫的世界 知识点

- **适应性：** 生物体为了生存而改变外界环境或自身状况的能力。

- **炭疽病：** 在热血动物（尤其是牛和羊等）个体之间传播的一种传染病，由炭疽杆菌诱发。

- **蚜虫：** 蚜属昆虫类目中的一种小型软体昆虫。它拥有可刺穿植物和吮吸植物汁液的口器。

- **伪装：** 昆虫的一种自卫方法，它们把自己和周围环境融为一体，以免被其天敌发现。

- **腐尸：** 死亡或腐败中的动物。

- **霍乱**：一种由霍乱弧菌引发的小肠病变。主要症状为呕吐、胃部不适、肌肉抽搐和脱水等。

- **登革热**：一种热带地区常见的，由蚊子传播的发热疾病。主要症状为皮疹、头痛和关节痛等。

- **脑炎**：一种患者脑部出现病变的炎症。主要症状为头痛、嗜睡、恶心和发烧等。

- **栖息地**：生物体生存繁衍的处所。

- **幼虫**：昆虫从卵中孵化出来后的形态，体态与蠕虫相似，无翅膀。

● **晶状体**：一种眼球里的透明组织，位于虹膜后方。

● **疟疾**：一种由疟蚊传播的传染病。主要症状为发烧和身体颤抖等。

● **薄膜**：一种生物体内覆盖或连接各个器官或细胞的组织结构。

● **变态**：昆虫从幼虫到成虫的全部变化过程。

● **茨藻**：一种在水下生长的植物。它有狭窄的叶片和小小的花朵。

● **费洛蒙**：某一生物体在对同一种类的生物体做出反应时，分泌的一种化

学物质。

● **授粉**：花粉传播的过程，植物通过此过程来完成繁殖。

● **捕食者**：以其他动物为食的动物。

● **蛹**：昆虫的一个成长阶段，处于幼虫阶段和成虫阶段之间。

● **物种**：拥有相同特征并可进行相互交配的生物体类型。

● **吐丝器**：位于蜘蛛腹部下方的一种特殊器官，用来吐丝结网。

● **黄热病**：一种由伊蚊携带的病毒传播的传染病。主要症状为发烧、肌肉

抽搐、头痛以及背痛等。

集知识性与趣味性于一体，兼具科学的严谨性和生活的多样性！唤醒孩子们对科学的兴趣，激发他们探求科学知识的热情！本书特别适合父母与3～6岁的孩子亲子阅读或7～12岁的孩子自主阅读。

奇妙的人体

非凡的建筑和交通工具

动物宝宝

农场动物

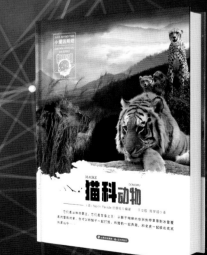

猫科动物

图书在版编目（CIP）数据

虫虫的世界 / 英国North Parade出版社编著；丁科家译. —昆明：晨光出版社，2019.6
（小爱因斯坦神奇星球大百科）
ISBN 978-7-5414-9308-9

Ⅰ. ①虫… Ⅱ. ①英… ②丁… Ⅲ. ①昆虫—少儿读
物 Ⅳ. ①Q96-49

中国版本图书馆CIP数据核字(2017)第322573号

著作权合同登记号 图字：23-2017-102 号

CHONGCHONG
DE SHIJIE

虫虫的世界

（英）North Parade 出版社◎编著
丁科家◎译

出 版 人：吉 彤

策　　划：吉 彤　程舟行
责任编辑：贾 凌　李 政
装帧设计：唐 剑
责任校对：杨小彤
责任印制：廖颖坤
出版发行：云南出版集团　晨光出版社
地　　址：昆明市环城西路609号新闻出版大楼
发行电话：0871-64186745（发行部）
　　　　　0871-64178927（互联网营销部）
法律顾问：云南上首律师事务所　杜晓秋

排　　版：云南安书文化传播有限公司
印　　装：深圳市雅佳图印刷有限公司
开　　本：210mm×285mm　16开
字　　数：60千
印　　张：3
版　　次：2019年6月第1版
印　　次：2019年6月第1次印刷
书　　号：ISBN 978-7-5414-9308-9
定　　价：39.80元

凡出现印装质量问题请与承印厂联系调换